楽しい調べ学習シリーズ

保存食の大研究

長もちする食べもののひみつをさぐろう

小清水正美 [監修]
中居惠子 [著]

PHP

もくじ

この本の使い方 ………………………………………………… 4

第1章 保存食の歴史

保存食って何だろう？ …………………………………………… 6
どうして保存食ができたの？❶
食べものがくさるのはなぜだろう？ …………………………… 8
どうして保存食ができたの？❷
保存食がたんじょうした背景 …………………………………… 10
基本的な保存食のつくり方❶
乾燥させる ………………………………………………………… 12
基本的な保存食のつくり方❷
漬ける ……………………………………………………………… 14
基本的な保存食のつくり方❸
いぶす・発酵させる ……………………………………………… 16
日本の保存食❶
日本の保存食 MAP ……………………………………………… 18
日本の保存食❷
保存食の特徴とできた背景 ……………………………………… 20
世界の保存食❶
世界の保存食 MAP ……………………………………………… 22
世界の保存食❷
保存食と大航海時代 ……………………………………………… 24
保存食をつくってみよう❶
干しいもづくりにチャレンジ！ ………………………………… 26
保存食をつくってみよう❷
イチゴジャムづくりにチャレンジ！ …………………………… 28

column ウインナーとフランクフルト、ちがいは？ ………… 30

第2章　進化する保存食

保存食の大革命❶
香辛料と戦争 ……………………………………………………… 32

保存食の大革命❷
冷蔵と冷凍の技術 ………………………………………………… 34

さまざまな現代の保存技術❶
進化する乾燥技術 ………………………………………………… 36

食品工場をのぞいてみよう
「カップヌードル」ができるまで ………………………………… 38

さまざまな現代の保存技術❷
進化する保存容器 ………………………………………………… 40

食品工場に行ってみよう
シーチキンができるまで ………………………………………… 42

`column` カニカマは失敗作から生まれた！ ……………………… 46

第3章　保存食技術の利用

さまざまに利用される保存食の技術 …………………………… 48

保存食の技術の利用❶
非常食 ……………………………………………………………… 50

保存食の技術の利用❷
レーション（糧食） ……………………………………………… 52

保存食の技術の利用❸
介護食 ……………………………………………………………… 54

保存食の技術の利用❹
宇宙食 ……………………………………………………………… 56

`column` 保存食と旨味の発見 ………………………………………… 60

おわりに …………………………………………………………… 61
さくいん …………………………………………………………… 62

この本の使い方

保存食というのは、どんな食品でしょう？保存食がたんじょうしてきた背景やつくり方、日本や世界各地の保存食を紹介します。

わたしたちの生活が変化するにつれて、保存食はじょじょに質が高くなっています。保存食の質を高めるための技術やそれを支える容器の発達などを学びましょう。

保存食の技術はさまざまな工業製品の製造に利用されています。また、安全・安心な食事を提供するためにも、保存食の技術が使われていることを紹介します。

● **もくじを使おう**

知りたいことや興味があることを、もくじから探してみましょう。

● **さくいんを使おう**

知りたいことや調べたいことがあるときは、さくいんを見れば、それが何ページにのっているかがわかります。

第 1 章
保存食の歴史

第1章 保存食の歴史

保存食って何だろう？

イチゴジャムは好き？

　トーストやヨーグルトにイチゴジャムをのせて食べるのはおいしいですね。生のイチゴもいいけれど、季節によっては手に入らないことがあります。でも、イチゴジャムなら、たいてい一年中お店に並んでいます。

　イチゴジャムはふつう、イチゴに砂糖やレモン汁などを加え煮つめてつくります。ジャムにして、びんなどで密封すれば、色や味などが変わらず、微生物による変化をおさえたまま長期間保存できます。生のイチゴに比べるとずいぶん長もちです。

　このように、数日から数年間、食べられる状態を保ったままたくわえておけるように加工した食品を「保存食」といいます。

第1章 保存食の歴史

身近な保存食を探してみよう！

保存食は、身近なところにたくさんあります。手軽に食べられるふくろ入りのラーメンやカップめん、シリアルなども保存食です。ほかにどんなものがあるか家の中で探してみましょう。

戸だなにしまってあるスパゲッティやそば、そうめんなどの乾めんや、料理に使う豆類、かつおぶしなども保存食です。そのほかにも、パンやうどんの材料になる小麦粉や米粉、干しぶどうなどのドライフルーツ、ピーナッツ、ツナやサバの缶詰など、さまざまな保存食が見つかります。

戸だなの中の保存食たち

冷蔵庫の中の保存食たち

冷蔵庫の中のハムやウインナー、ベーコンは肉を加工した保存食。チーズやヨーグルト、干し柿、たくあん、魚の干もの、のりの佃煮などは古くから食べられてきた保存食です。

冷凍庫の中にはうどん、ラーメン、冷凍おにぎりから、ぎょうざなどのそうざいやたい焼きなどのスイーツまで、さまざまな保存食があります。

冷凍庫の中の保存食たち

第1章 保存食の歴史

どうして保存食ができたの？❶
食べものがくさるのはなぜだろう？

食品がくさるのは、なぜ？

生のイチゴは、なるべく早く食べないと味が落ちてしまうし、カビが生えたりくさったりします。これを食品の「変質」といいます。どうしてこんな変質が起こるのでしょう。

理由はいくつかありますが、まず、イチゴは収穫したあとも呼吸をしていることがあげられます。呼吸のためにイチゴの中の糖類や酸を使うので、甘味や酸味がなくなり、まずくなるのです。

次に、イチゴについている細菌やカビ、酵母が、くさる原因になります。カビ、酵母は、光合成をおこなわず外部から栄養を取って増える菌類とよばれる微生物のなかまで、食品の成分を分解してことなる物質をつくります（→17ページ）。

また、熱や光、酸素などもイチゴが変質するのを早めます。

テーブルに出しっ放しのイチゴは、しなびておいしくなくなるね。カビが生えることもあるよ。

食品をくさりにくくするには

野菜や果物、肉や魚のように調味や加熱処理がされていない食品を「生鮮食品」といいます。生鮮食品を少しでも長もちさせるには、食品を変質させる原因を取りのぞいたり少なくしたりすればよいわけです。

たとえば、生鮮食品はたいてい冷蔵庫に入れておきますね。冷蔵庫の中は低温で暗いため、食品の呼吸はゆるやかになります。熱や光の影響も受けにくく、食品の変質はゆっくり進みます。

ドアが閉じているときの冷蔵庫の中では、食品はねむったような状態で保存されているんだ。

第1章 保存食の歴史

イチゴジャムが長もちするのは、なぜ？

　イチゴジャムが生のイチゴよりも長もちするのは、なぜでしょう。

　イチゴジャムをつくるときには、イチゴを火にかけて煮つめます。熱を加えると、イチゴは細胞がこわれて呼吸が止まります。生のイチゴについていた微生物はほとんど熱で死に、また、煮つめることで水分が少なくなると、細菌やカビ、酵母が繁殖しにくくなります。

　ジャムづくりでは、たいてい砂糖を加えますが、砂糖が食品の中の水分をだきこむため、細菌などは、さらに水分を利用しにくくなります。

　ジャムづくりでは、最後にレモン果汁を加える人も多いでしょう。レモン果汁の酸っぱさのもとはクエン酸という酸ですが、クエン酸にも細菌やカビ、酵母などの繁殖をおさえる効果があります。

ジャムづくりには、食べものを長もちさせるための経験と知恵がたくさんつまっているよ。

微生物も、水がないと生きていけないんだね。

第1章 保存食の歴史

どうして保存食ができたの？❷
保存食がたんじょうした背景

飢えからのがれるための保存食

　人類は長いあいだ狩猟採集生活をしていたと考えられています。そのころでも、手に入れた食べものはむだなく、できるだけ長く食べる工夫があったことでしょう。

　農耕や牧畜がはじまると、食料の保存はさらに重要になりました。米や麦、豆類などはもちろん、野菜も果物も収穫できる時期がかぎられます。次の収穫まで、上手に保存して食べていかないと食べるものがなくなり、飢えて死ぬことになります。

　「飢え」からのがれるために保存食をつくる技術を進化・発展させてきました。

しぶいカキも、皮をむいて寒風にあてながら干すと、おどろくほど甘くなるよ。

干し柿をつくるカキにはしぶ柿を使うんだね。

第1章 保存食の歴史

保存食の味を楽しむ

やがて、保存食の味を楽しむことがはじまります。

たとえば、干し柿をつくるカキはしぶ柿を使います。生だとしぶくて食べられないのに、皮をむいて天日に干すと、しぶ味が消えて独特の甘味が生まれます。ほかにも、ホタテガイの貝柱を干した干し貝柱は、生にはない濃厚な味わいをもつようになります。

今では天日に干すことで、食品の中に新しい旨味や栄養が加わることがわかっています。そうした変化を科学的に説明できない時代でも、保存食にはおいしさが加わることが知られていたのです。

皮つきのまま、四つ割りにして干してもいいよ。

皮も干して漬けものなどに使うよ。皮に付いている果肉の糖分で漬けものに甘味が加わるわね。

しぶ柿には水にとけるタンニン（水溶性タンニン）がふくまれているので、かじるとしぶく感じる。皮をむいたり割ったりして干すと、水溶性タンニンが水にとけないタンニン（不溶性タンニン）に変わり、しぶ味を感じなくなる。

第1章 保存食の歴史

基本的な保存食のつくり方❶
乾燥させる

太陽の力をかりて乾燥させる

保存食をつくるには、乾燥させる、塩や砂糖で漬ける、煮る、酢やアルコール、オイル、みそなどに漬ける、発酵させるなど、さまざまな方法があります。

太陽にあてて乾かすことを「天日干し」といい、塩や砂糖、酢などの材料がなくてもできる、もっとも簡単な方法です。

乾燥させると軽くなり持ち運びも楽です。水分がとぶと、味がこくなり旨味が増し、生にはない味が楽しめます。とくに天日干しではビタミンD_2が増えることもあります。

しいたけを天日で干すと、ビタミンD_2ができる。生しいたけの中のエルゴステロールという物質が紫外線のはたらきでビタミンD_2に変わる。

ビタミンD_2は体の中で骨がつくられるのを助けるよ。

第 1 章　保存食の歴史

こおらせて乾燥させる

　天日干しとは逆に、寒気にあててこおらせて乾燥させる方法があります。凍り豆腐や凍みこんにゃくなどの保存食は、冬の夜の寒気でこおり、昼にはとけて水分が蒸発することを利用してつくっていました。日本の中部地方や北関東など、冬の夜と昼の温度差が大きい気候を利用した方法です。

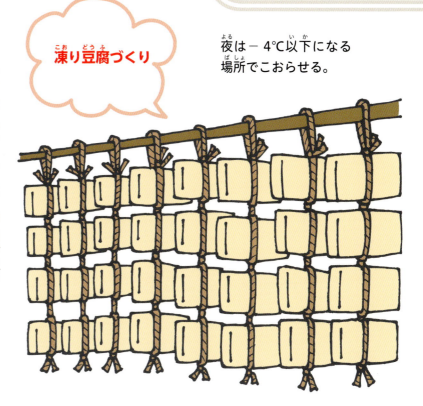

凍り豆腐づくり

夜は－4℃以下になる場所でこおらせる。

乾燥した食品がくさりにくいのは、なぜ？

　ものがくさったりかびたりするのは、細菌やカビ、酵母などの微生物の活動が原因です。微生物は、ふつう肉眼では見えない小さな生きものですが、小さくても生きものですから、生きていくために水が必要です。
　乾燥させた食品にも微生物はつきますが、水分が少なすぎて増殖できず、食品はくさりにくくなります。
　生鮮食品には、消化や吸収などをうながす酵素がふくまれていて、酵素も食品を変質させます。水分が少ないと、酵素の活性もおさえられ、食品は変質しにくくなります。

よく乾燥させた食品のことを「乾物」というよ。魚や貝類などの身を干したものは「干もの」ということもあるね。

アジの干もの

昆布は海藻を干したもの

第1章 基本的な保存食のつくり方❷ 保存食の歴史

漬ける

塩の力・砂糖の力

古くから食べられてきた野菜の漬けものは、おもに塩を使ってつくります。

野菜に塩をふりかけて漬けておくと、野菜の細胞の中の水分が吸いだされます。水分がぬけるとともに、細胞を包んでいた細胞膜がこわれて周囲の塩水が入りこみ、全体に塩がなじんだおいしい漬けものになります。

肉や魚を塩に漬けたときにも同じように、細胞がこわれ、塩分が浸透します。

食品をくさらせる微生物は、こい塩水の中では生きていけません。食品と同じで、微生物の体から水分がぬけてしまうためです。

砂糖にも同じような効果があり、ジャムやマロングラッセのように砂糖で煮こんで水分をなくすなどして保存食をつくります。

モモのシロップ漬け

1　モモを洗う。

2　モモを2つに割るときは、表面にあるほう合線にそってほうちょうを入れる。

両手で軽くきったら、右手と左手を逆方向にひねると、うまく割れるよ

3　種をとる。

種はスプーンなどを使うと、きれいにとれるよ

第1章 保存食の歴史

酢やアルコール、オイルに漬ける

　酢やアルコールに殺菌効果や微生物の活動をおさえる効果があることは、古くからの経験で知られていました。ジャムづくりで紹介したクエン酸のような強い酸性の液の中では、ふつうの細菌は活動できなくなります。しめさばやサーモンのマリネなどは、酸がもつ微生物の活動をおさえる力を利用しています。

　アルコール類も古くから殺菌効果が知られていて、ホワイトリカーなどを使ってつくる梅酒やカリン酒は、よくつくられる保存食の一つです。また日本酒をしぼったあとの酒粕を使う粕漬けも、アルコールの殺菌効果を利用しています。

　オリーブオイルなどでつくるオイル漬けは、ねばりのある油で食品を包んで空気にふれないようにして、酵母やカビが食品につきにくいようにしています。

4 種をとったモモは、モモがひたるぐらいの水を入れたなべで70℃まであたためてから皮をむく。

シロップ液は水800グラムに砂糖200グラムの割合で、砂糖のこさが20％になるよ。これを目安に、10〜30％の間で調節しよう！

熱いびんを持つときは火傷しないように、厚手のビニール手袋を使おう！

びんの中心温度が75℃より低いと、殺菌不良になるよ

6 蒸し器で、保存用のびんを熱くする。びんは下向きに並べる。

5 別のなべでシロップをつくる。シロップ液は80℃くらいまであたためる。シロップにレモン果汁を少量加える。

7 皮をむいたモモを熱いびんに入れて80℃のシロップを注ぐ。

8 シロップをびんの口まで入れたらふたをのせて、75〜80℃のお湯に入れ、15分ほど湯せんする。

9 びんが熱いうちにふたをしめたら、びんを逆さまにしてテーブルにおき、そのまま30分おく。30分後、水に入れてあら熱を取り、冷めたら冷暗所におく。

第1章 保存食の歴史

基本的な保存食のつくり方❸
いぶす・発酵させる

食品に煙をあてて、くさりにくくする

　木やわらなどを燃やした煙を食品にあてて、表面を黒くすることを「いぶす」といい、食品をいぶしてつくるのが「くん製」です。

　クヌギやブナ、サクラなどの広葉樹のチップ（木片）を、空気が通りにくい状態で燃やすと、防腐効果や抗酸化効果のある成分が煙に混じって出てきます。この成分が食品の表面からしみこんで、長く保存できるようになります。

　むかしの日本の家では、囲炉裏の火で調理や暖房をしていました。囲炉裏の上にたなを取りつけ、食品を並べておくと、乾燥した空気で早くかわき、同時に煙でいぶされてくん製ができます。秋田県の漬けもの「いぶりがっこ」などはこうしてできました。

煙には防腐効果があるんだね。

かつおぶしの製造工程

1 頭と内臓を取りのぞいたカツオの身を4つに割る。

2 97～98℃の湯に1時間から1時間半つけて煮る。

かつおぶしは、生のカツオを煮たりいぶしたり、乾燥させたりカビをつけたりと、とても複雑な工程でつくられる。カビによる発酵で魚臭さがぬけ旨味が増えて、香りが強くなる。

第1章 保存食の歴史

発酵も微生物のはたらき

食品をくさらせるのは細菌やカビ、酵母などの微生物の活動が原因です。一方で、しょうゆやみそ、ヨーグルト、チーズなどをつくるのも、細菌やカビ、酵母などの活動を利用しています。

微生物が食品の成分を取りこんでエネルギーを得て、代わりに出す物質が、人間にとって有益でないものの場合は「腐敗」といい、アルコールや乳酸など、人にとって有益なものの場合は「発酵」といっています。この発酵によってつくられた食品を「発酵食品」といいます。

発酵食品も、古くから保存食の一つとして利用されてきました。

ベーコンは、湿った薪がきっかけ

ベーコンができたきっかけは、船に積んだ薪が海水でぬれたことだと伝わっています。航海の食料として積んでいたブタの塩漬け肉をあたためようと、湿った薪を使ったところ、肉が煙でいぶされておいしくなったというのです。

ベーコンは2000年以上前に、今のデンマークのあたりで誕生したといわれています。

煮た後、骨をぬいたカツオの身を85℃くらいでいぶし、乾燥させて、煙の成分を付着させる。

いぶした後、天日で干す。その後、カビつけ、陰干し、表面のけずりを数回くりかえし、最後に天日で干して完成。

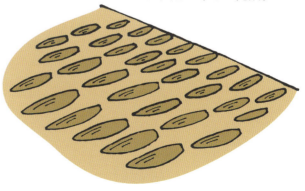

第1章 保存食の歴史

日本の保存食①
日本の保存食 MAP

> 山のもの、海のもの、里のものからつくる乾物・干もの

　日本の国土は南北に細長く、多くの山がそそり立ち、海に囲まれているため、食材も山のもの、海のもの、里のものと、たいへん多様性に富んでいます。

　ゼンマイやワラビ、キノコなど山でとれる食材を塩に漬けて干した「塩蔵品」は、むかしから貴重な保存食でした。芋がらやかんぴょう、凍みこんにゃくなど、畑でとれる里のものも、粗末にせずに使い切る知恵がありました。

　干し大根を見ると、地域によって千切り、輪切り、たて切りなど切り方もさまざま。生のまま干したり、煮たり蒸したりしてから干したりと変化に富み、味や食感がことなります。

*1 からすみ…魚の卵の干もの。　　*2 しょっつる…魚を使った調味料（魚醤）。

第1章 保存食の歴史

にぎり寿司の原型も保存食だった

魚介類を原料にした漬けものともいえる保存食には、なれずしや塩辛があります。

なれずしは、塩漬けの魚にやわらかく炊いたご飯を加えて、発酵させてつくります。発酵により乳酸ができ、この酸の力で保存する保存食です。江戸時代に発酵によって酢がつくられるようになると、なれずしに代わって酢をご飯にまぜて保存性を高めたにぎり寿司が登場しました。鮮度が命のようにいわれるにぎり寿司ですが、もともとは保存食から生まれたのです。

*3 金婚漬け…ウリの芯をぬいたものにニンジン、ゴボウ、昆布などを入れてみそ漬けにしたもの。

日本の保存食❷
保存食の特徴とできた背景

昆布は重要な積荷・商品だった

　干もの・乾物の利用は古く、日本では797年にまとめられた『続日本紀』に、715年より前から朝廷へ昆布が納められていたという記録があります。蝦夷地（今の北海道）の昆布が、7～8世紀にはすでに都へ運ばれていたのです。

　江戸時代の中ごろには、日本海沿岸を南下して下関から大坂（今の大阪）へ入る航路が開かれます。この航路を使って、北前船で蝦夷地の海産物が運ばれました。とくに昆布や身欠きにしん、イワシでつくった肥料などが重要な積荷でした。北前船の隆盛は鉄道が発展する明治30年ごろまで続き、船の寄港地には、現在も昆布や身欠きにしんを使う食文化が残っています。

昆布を運んだ海の道（地図）と北前船

　蝦夷地の産物は14世紀ごろまで近江商人＊がおもに取引していた。北前船は、弁財船という中型から大型の帆船を使い、寄港地で商いをしながら物資を輸送していた（北海道漁業協同組合連合会Webサイト「こんぶの歴史」より作図）。

＊近江商人…近江国（今の滋賀県）出身の商人

麩のふしぎ

煮ものや汁ものなどに使う麩は、小麦粉からタンパク質のグルテンを取りだしてつくります。室町時代に中国から禅僧が伝えたといわれ、禅寺から広まりましたが、ふしぎなことにルーツは同じでも、形や焼き方はさまざまです。

はじめ禅寺で修行僧のタンパク源として食されていた麩は、千利休が茶席で使ったことから茶道家に広まり、やがて懐石料理に使われるようになりました。江戸時代に全国に広まると、各地の気候や風土に適した製造方法、食文化に合わせて形や焼き方、かたさややわらかさなどが変化していったのです。

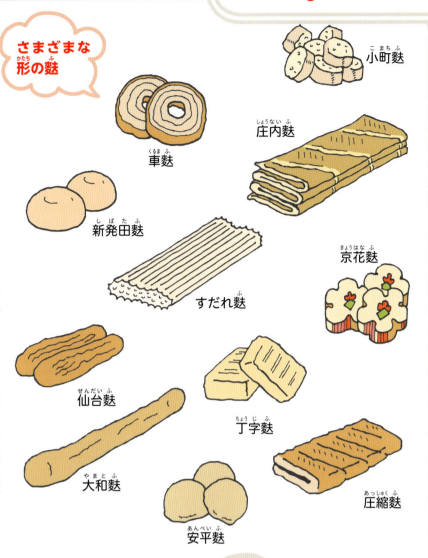

さまざまな形の麩

車麩／小町麩／庄内麩／新発田麩／すだれ麩／京花麩／仙台麩／丁字麩／大和麩／圧縮麩／安平麩

保存食の文化を支えた容器の発達

漬けものづくりには水もれしない容器が必要です。漬けものは奈良時代から食べられていて、このころは須恵器というかたく焼いた甕を使っていました。甕は今でもしょうゆ漬けやらっきょう漬けなど水分の多い漬けものづくりに使われます。

一方、木をくりぬいた樽の登場は鎌倉時代です。室町時代にはたがを使った樽や桶づくりの技術ができ、酒やみそなどを遠くまで運べるようになりました。

保存食の容器は、その時代の新技術を取りいれ、びん、缶、プラスチックなどを用いて、より長く保存できるようになっています。

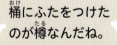

桶にふたをつけたのが樽なんだね。

第1章 保存食の歴史

第1章 保存食の歴史

世界の保存食①

世界の保存食 MAP

世界各地の特徴のある保存食

世界各国には、それぞれの気候風土や食文化を反映した保存食があります。ヨーロッパの国々では、干しぶどうやオリーブの漬けもののように古代ギリシャ、ローマ時代から伝わる保存食があります。

クリスマス・プディング
ミンスミート、小麦粉、パン粉を混ぜて5時間ほど蒸す。1か月以上日もちする

ピクルス
野菜を塩漬けし発酵させる

干したら
内臓をのぞき、塩漬けにしたタラを干してつくる

キムチ
塩漬け野菜を発酵させた漬けもの

ミンスミート
中世から伝わる保存食。きざんだ肉とドライフルーツやナッツを砂糖や酒に漬けこむ。現在、肉は使わない

ソーセージ
ひき肉や内臓を塩と香辛料で調味して、ブタやヒツジの腸につめたもの

ザウワークラウト
キャベツを塩蔵して発酵させる

メンマ
マチクのたけのこを発酵させてから乾燥させる

ザーサイ
カラシナの茎を塩と香辛料で漬ける

チーズ
ウシなどの乳を酵素でかため、発酵、熟成させたもの

オリーブの塩漬け

金華ハム
ブタの後ろ脚の肉を塩漬けし、乾燥させた後に熟成させる。浙江省の金華地区で生産

ピータン
アヒルの卵に食塩、石灰などを混ぜたものをぬり、数か月間熟成させる

生ハム
ブタの後ろ脚のももからつま先までの枝肉に塩をすりこんで乾燥させる

アンチョビー
イワシを塩漬けにして発酵させ、オリーブオイルに漬けたもの

チャツネ
マンゴーなどの果物とスパイスを煮こんでつくる

干しアワビ
干しなまこ、魚のうき袋、ふかひれとともに中国四大海味に数えられる

ラペットゥ
茶葉を蒸してからやわらかくもみ、つぼに入れて乳酸菌で発酵させる

アチャラ
青パパイヤの漬けもの

サラミ
ひき肉に塩と香辛料を加え、ブタの腸につめてから乾燥・熟成させる

デーツ
ナツメヤシの実。木につけたまま乾燥させ、水分20%以下にまで干し上げる

ニョクマム
小魚を塩漬けして発酵させたものからつくる

テンペ
煮た大豆をテンペ菌で発酵させた食品

カヤジャム
ココナッツミルクに砂糖と卵を混ぜてクリーム状に練り、長時間煮こむ

干しイチジク
紀元前3000年ごろにはすでに食べられていた。トルコやイランでの生産が多い

第1章 保存食の歴史

　スペインやスイス、ドイツなど牧畜の盛んな国々では、乳を使ったチーズやヨーグルトが発達しました。また、比較的温暖なヨーロッパでも、かつては冬のあいだ家畜にあたえる牧草を十分に確保できませんでした。そのため11月～12月に多くの家畜をと畜し、肉に加工し、塩で貯蔵していました。ハムやソーセージなどはこうした習慣から誕生した保存食です。
　一方、乾燥気候にある地中海沿岸や中近東、西アジアでは、ドライフルーツの利用が盛んです。湿潤な気候にある東南アジアから東アジアでは、発酵を利用した保存食が多く見られます。

スモークサーモン
ベニザケ、キングサーモン、シロザケなどを塩漬けにして乾燥させ、くん製にする

メープルシロップ
サトウカエデの樹液を煮つめてつくる

ペミカン
赤身肉を干してからくだき、肉と同量の脂を混ぜ、ドライフルーツなどを加えてかためる

ビーフジャーキー
ウシの赤身肉を塩漬けしてから干したもの。くん製にする場合もある

レーズン
ブドウの実を乾燥させたもの。現在はアメリカのカリフォルニアやオーストラリア産が多い

コンビーフ
ウシの胸肉やもも肉を塩漬けし、煮ふつしてほぐしたあと、調味料をまぜてかためる

チャルキー
ヒツジの肉をうすく切り、塩漬けしてから天日に干す。ジャーキーのもとになった

チューニョ
ジャガイモをこおらせて乾燥させる。2000年以上前からつくられている

第1章 保存食の歴史

世界の保存食❷
保存食と大航海時代

旅のための保存食

スペインの北西の端に近いサンティアゴ・デ・コンポステラの町には守護聖人ヤコブの聖地があり、キリスト教の三大巡礼地*の一つになっています。中世のころから巡礼者が、ときには800kmもの長旅をしてやってきました。こうした巡礼者にも、持ち運べる肉の保存食が必要でした。

15世紀になるとヨーロッパ人は、香辛料や金銀を求めて、あるいはキリスト教の布教のために、遠く海外へと進出しはじめます。長い航海のための食料として塩漬け肉や干しだらが利用されました。

＊三大巡礼地…エルサレム、バチカン、サンティアゴ・デ・コンポステラ

火を使わずに、あるいは簡単な調理で食べられる保存食は旅人の貴重な食料。

ベーコン
ソーセージ
ハム
サラミ

カラカラに乾燥させてつくる干しだら

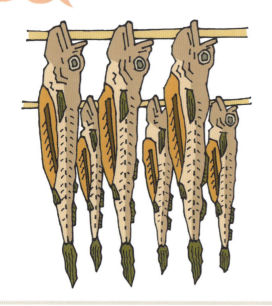

大量のタラを消費する

ヨーロッパの保存食としてはチーズやハムなどがよく知られていますが、魚を使ったものもあります。有名なのがノルウェーの「干しだら」、スウェーデンのニシンの発酵食品「シュールストレミング」、イギリスの干し魚のくん製「キッパー」などです。

とくに、かつてタラは大量に漁獲され、塩たら、干しだらにして各地に送られました。今でもスペインなど各地に干しだらを使った郷土料理があります。キリスト教では、復活祭の前に肉を食べない風習があり、その時期、干しだらは貴重なタンパク源として利用されたのです。

大航海時代と保存食の広がり「チャツネ」

「チャツネ」はもともとインドで、料理のソースや付け合わせとして食べるものでした。新鮮な果物や野菜を香草やスパイスと混ぜてペースト状にするのが基本で、加熱したもの、加熱しないものなど、つくり方や味もさまざまです。

一方、広く知られているマンゴーチャツネは、若いマンゴーと砂糖、数種の香辛料を煮こんだ保存食です。これはインドがイギリスの植民地だった時代に、イギリスの船が乗組員のビタミン不足を補うために積みこんだのがはじまりで、世界中に運ばれ、広く食べられるようになりました。

イギリスの船が運んだ交易品の数々。大航海時代、ヨーロッパの船が本国へ運んだ食品も保存食だった。

砂糖と保存食

フランス人がジャムを知ったのは1541年ごろです。この年、ベネチアの料理本が翻訳されてはじめてジャムのつくり方を知ったのだそうです。しかし、ジャムが普及したのは、19世紀以降、ナポレオンが砂糖の原料となるサトウダイコンの栽培をすすめてからです。砂糖は貴重品だったため、ジャムも普及が遅れたのです。

日本では、1610年ごろに、薩摩国大島郡（今の奄美大島）の直川智という人がサトウキビから黒糖をつくることに成功しました。しかし、江戸時代を通じて、砂糖は貴重品でした。

サトウキビ

サトウダイコン

第1章 保存食の歴史

保存食をつくってみよう❶
干しいもづくりにチャレンジ！

　干しいもは、サツマイモを蒸してやわらかくしてから、うすく切って天日に干してつくります。簡単にできるので、チャレンジしてみましょう。サツマイモは種類によってねっとりした食感のものと、ほくほくした食感のものがあります。農家では干しいもに適した種類を栽培していますが、紅はるかや安納芋でもおいしい干しいもができます。

　雨や湿気にあたるとカビが生えやすいので、注意します。干しいもがかわくまで1週間から10日かかるので、晴天が続きそうな日を選んでつくりましょう。

用意するもの

- サツマイモ
- 蒸し器（蒸し器がなければ炊飯器でもよい）
- 竹ぐし
- 軍手（なければ布巾でもよい）
- ほうちょう
- 干し網（なければ平らなざるでもよい）
- 保存用のポリぶくろ

1

サツマイモを水でよく洗う

あまりゴシゴシこすると皮がむけてしまうので、力を入れすぎないように、くぼみのよごれもしっかり取る。

2

「中火で、ゆっくり時間をかけて蒸すよ」

蒸し器で蒸す

蒸し器の下の段に水を入れ、上の段にサツマイモを並べたら、火にかける。炊飯器の場合は、カップ2杯分の水を入れた炊飯器にサツマイモを並べて炊飯のスイッチをおす。

3

「竹ぐしを無理矢理さしたら、蒸し上がっているかどうかわからないね」

竹ぐしで蒸し上がりを確認

1時間くらいで蒸し上がる。竹ぐしをさしてみて、すーっと入れば蒸し上がり。竹ぐしをさすときには力を入れない。

第1章　保存食の歴史

蒸し上がったら皮をむく

熱いから火傷しないように、軍手をはめる。軍手がないときは、布巾でいい。熱いうちなら、皮はうすくきれいにはがせる。

＞小さいものや細いものは、切らずに丸のままでもいいね

＞冷めるとむきにくくなるよ

冷めたら切る

皮をむいたらしばらくおいて冷ます。熱いときれいに切れないよ。冷めたら、厚さ1cmくらいに切ろう。繊維を残すようにたてに切る。

干し網に並べる

乾燥用の干し網やざるに並べる。となりどうしくっつかないように少しはなして並べる。

＞サツマイモの表面が湿るとカビが生えやすくなる

1週間から10日くらい干す

雨や夜露にあてないように天気に注意して、ときどき裏がえしながら干し上げる。

できあがり

表面がしっかりかわいたらできあがり。ポリぶくろに入れて湿気らないように冷蔵庫などで保存する。

＞干し上がったサツマイモは、オーブントースターなどで少しこげ目がつくくらいにあたためると、甘味がぐっと強くなっておいしい

第1章 保存食の歴史

保存食をつくってみよう❷
イチゴジャムづくりにチャレンジ！

　新鮮なイチゴが手に入ったら、ジャムづくりに挑戦してみましょう。小粒の少し酸味のあるイチゴでも、おいしいジャムができます。ジャムをつくるときには砂糖を入れると、ねばりが出てきれいなゼリー状になってかたまります。

　砂糖には食品の中の水分をだきこんで、微生物の繁殖をおさえたり、酸化を防いだりするはたらきがあります。砂糖の力を上手に利用して長もちするジャムをつくりましょう。

用意するもの

- イチゴ…500グラム
- 砂糖…へたを取ったイチゴの重さの50〜100％
- 水…100cc
- レモン果汁…100グラム
- ほうちょう
- なべ
- 蒸し器
- びん
- へら
- スプーン（またはおたま）
- 厚手のビニール手袋
- 温度計

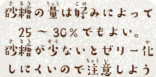

砂糖の量は好みによって25〜30％でもよい。砂糖が少ないとゼリー化しにくいので注意しよう

イチゴは入れたら取ってからよく洗っておこう！

1 なべに材料を入れる

イチゴと水をなべに入れて、分量の3分の1の砂糖、レモン果汁をかけ、なべをゆすってイチゴに砂糖をまぶしてから中火にかける。

2 煮つめる

1のなべの水が沸とうしはじめたら、残りの砂糖を2〜3回に分けて入れ、細かいあわが出てくるまで、こげないようにゆっくりかき回しながら煮つめる。

第 1 章　保存食の歴史

びんを消毒する

蒸し器にきれいに洗ったびんとふたを逆さにしておき、火にかける。蒸気が上がりはじめたら弱火にして、そのまま温度を保つ。

ゼリー化を確かめる

なべのイチゴをへらですくって、下にたらしてみる。すぐにたれず、へらについているようならゼリー化しているので、火を止めてジャムのできあがり。

> びんの口にジャムがつくとカビや細菌がつきやすいので、つけないように注意しよう

びんにつめる

厚手のビニール手袋をはめて、3の蒸し器の中のびんを取りだし、4のイチゴジャムを入れる。びんの口から8mmくらい下まで入れる。

> びんを逆さまにすると、熱いジャムがふたの内側につくよ。それで殺菌できるんだね。

加熱しながら空気をぬく

5のびんにふたをのせて、蒸し器に並べて中心温度が80〜85℃になるまで加熱する。加熱が終わったら、びんを持って、ふたをギュッとしめる。火傷しないように厚手のビニール手袋をはめて作業する。

びんを逆さまにして冷ます

6のびんをテーブルの上に逆さまにして30分おき、そのあと流水で冷ます。ジャムをびんとふたの内側全体に付けることでびんの中を殺菌でき、また、空気がちぢんでふたがかたくしまり、保存性が高くなる。

29

ウインナーとフランクフルト、ちがいは？

　ウインナーとフランクフルトは、どこがちがうかわかりますか？

　どちらもソーセージの一つですが、もともとドイツのフランクフルトでつくられたことからフランクフルト・ソーセージ、オーストリアのウィーンでつくられたことからウインナー・ソーセージとよばれていました。

　ヨーロッパで生まれたソーセージは、ウシやブタ、ヒツジなどのひき肉や血、内臓などを使ってつくります。肉に塩や香辛料で味つけして、ブタやヒツジの腸につめたもので、家畜の食べられる部分をすべて食べつくすために考えだされた保存食ともいえます。

　味つけや熱の加え方などがことなるさまざまな種類があり、本場ドイツには1750種類ものソーセージがあるといわれています。

　ただし、日本では、JAS（日本農林規格）によりソーセージの種類が決められていて、ヨーロッパとは定義がことなります。ウインナーはおもにヒツジの腸につめた太さ2㎝未満のソーセージ、フランクフルトはブタの腸につめた太さ2㎝以上3.6㎝未満のものです。ウシの腸につめた太さ3.6㎝以上のものはボロニア・ソーセージとよびます。

第2章 進化する保存食

第2章 進化する保存食

保存食の大革命①
香辛料と戦争

肉のにおいを何とかしたい。もっとコショウを！

中世のヨーロッパで、塩漬け肉を食べて冬を乗りきる人々を悩ませたのは、においでした。塩漬けにしても肉は徐々にくさりはじめ、においが強くなります。そのにおいを消すためにコショウなどの香辛料*が必要でした。

コショウをはじめとする香辛料の多くは、熱帯原産のため、アラブ商人を通して買うことになり、たいへん高価でした。しかし、15世紀にはじまった大航海時代を経て直接手に入るようになると、香辛料も保存食づくりに使われるようになり、保存食の質がよくなりました。

*香辛料…コショウやトウガラシ、日本のサンショウやワサビのように、食べものに風味や辛味、香りなどをつけるもの。

コロンブスと『東方見聞録』

15世紀にはじまった大航海時代の目的の一つは、アラブの商人に支配されていた香辛料貿易に、新しいルートを開くことでした。

コロンブスが1492年に、はじめてバハマ諸島に到達したとき、近くに連なる島々を「西インド諸島」と名づけたのは、インドを目指していたからです。

『東方見聞録』はイタリアの商人マルコ・ポーロが中国までの旅の経験を書いた本ですが、コロンブスはこの本の中の香辛料の記述にとくに注目していました。

コロンブスが読んでいた『東方見聞録』には、香辛料の記述のところに印がついていたという。

第2章 進化する保存食

ナポレオンの悩みから、びん詰食品が誕生

　びん詰は食品の保存方法の一つで、1804年にフランス人の料理人ニコラ・アペール（→40ページ）が発明したものです。

　アペールがびん詰の保存食を考えだすきっかけになったのは、ナポレオン・ボナパルト*がかけた懸賞です。ナポレオンは、軍隊を率いてヨーロッパ各地を遠征していましたが、戦地で兵士たちの食料の確保に悩んでいました。そこで、兵士たちが持ち歩ける食料のアイデアをつのり懸賞をかけたのです。

　たくさんの船団を従えた大航海と同じように、戦争もまた、食品の保存方法に変革を起こすきっかけになってきました。

*ナポレオン・ボナパルト…フランス第一帝政の皇帝（在位1804～1814、1815）。

　　　　アペールのびん詰は、調理した食品をびんにつめて、コルクでゆるくせんをしてから
　　　　沸とうしたお湯で30～60分熱し、コルクせんで密封する方法だった。

第2章 保存食の大革命❷
冷蔵と冷凍の技術

低温に保つと、食品はゆっくり変質する

　食品の変質をおさえ長もちさせる方法に、低温で保存する冷蔵があります。低温に保つと、なぜ食品は長もちするのでしょうか。

　食品の変質は細菌やカビ、酵母の活動によって起こりますが、それらの微生物は10℃以下になると活動がおとろえ、増殖がゆるやかになります。

　また、食品にふくまれる酵素が起こす反応も変質を進める原因ですが、低温に保つことで反応が進みにくくなります。そのため、低温で保存する冷蔵では食品が変質しにくくなるのです。

温度の高いところにおいた野菜は、呼吸のために糖や酸をどんどん使ってしまうので、味がおちる。

バナナを冷蔵すると黒くなるのは、なぜ？

　バナナを冷蔵庫で保存して、皮が黒くなってしまったことはありませんか？　バナナは低温が苦手で、13℃以下のところにおいておくと、代謝機能を調節できずに変質してしまうのです。これを低温障害といいます。

　バナナに限らず、サツマイモやキュウリ、ナス、トマトなどの夏野菜も低温障害を起こしやすいので、保存には注意が必要です。

熱帯産のバナナは低温に弱いんだ。

第2章 進化する保存食

冷凍前

急速冷凍
急速に冷凍すると、細胞の中にちらばった水が小さな結晶になる。

ゆっくり冷凍
ゆっくり冷凍すると、細胞の中の水が結びついて大きな結晶になり、組織がこわれる。

急速に冷凍するとおいしさを保てる

　食品の中の水分がこおりはじめる温度を「氷結点」といい、食品によってことなりますが、多くの食品は－1℃前後です。氷結点より低い温度で、こおったまま保存するのが冷凍です。
　冷凍するときには、全体がこおるまでに時間がかかると、食品の中にできる氷の結晶が大きくなって、解凍したときに水分が出やすくなります。大きな氷の結晶ができるときに食品の中の組織がこわれてしまうためです。この水分を「ドリップ」といい、食品の旨味成分もふくんでいます。
　そこで、食品の旨味を保つために、急速に温度を下げて氷の結晶を小さく均一につくらせる「急速冷凍」の技術が開発されました。

急速冷凍した肉は、解凍したときにドリップが出にくく、おいしさが保たれる。

35

第2章 進化する保存食

さまざまな現代の保存技術❶
進化する乾燥技術

自然乾燥から人工乾燥へ

保存食をつくる技術でもっとも古くから使われているのは「天日干し」や日陰で干す「陰干し」です。しかし、この方法は風味や食感が変化するのが欠点で、現在では人工的な乾燥法がいろいろと考えだされています。

熱風をあてる「熱風乾燥法」、湿度を下げた部屋で20～30℃くらいの低温の風をあてて乾燥させる「冷風乾燥法」などがあります。また、密閉した容器に食品を入れて加熱してから圧力をかけ、そのあと一気に圧力をもどして水分をとばす「加圧乾燥法」などもあります。

むかしながらのポン菓子は、加圧乾燥法を使ってつくる。

凍結乾燥法からフリーズドライへ

凍り豆腐や凍みこんにゃくづくりで利用されてきた、寒気にさらして乾燥させる方法は「凍結乾燥法」です。この方法から進化したのが「真空凍結乾燥法」（フリーズドライ）です。

真空というのは、空気がまったくない環境のことです。真空では気圧がないため沸点が下がり、氷は水の状態にならないで蒸発してしまいます。この現象を昇華といい、昇華を利用して、食材や調理した食品を乾燥させるのがフリーズドライです。昇華によって水分がぬけると、そのあとが細かいあなになるため、お湯を注ぐと、もとの食品に近い状態にもどり、栄養や風味の変化が少ないのが特徴です。

低温でナスがこおる。

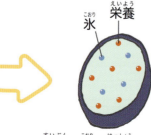
水分は氷の結晶になる。

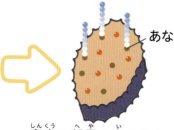
真空の部屋に入れると、氷は蒸発する。すると、形はそのままで、水分がなくなる。

ナスのフリーズドライは、スポンジのよう。

第2章 進化する保存食

インスタントラーメンのめんは天ぷらの原理

　多くのインスタントラーメンでは、めんを乾燥させるときに油を使っています。水分をふくんだめんを高温の油で天ぷらのように揚げると、水分が急速にはじき出されます。これを「瞬間油熱乾燥法」といい、この方法でもフリーズドライと同じく、水分がぬけたあとにあながきて、お湯を注ぐとすぐに食べられるのです。一方、「ノンフライめん」のめんは乾燥機の中で熱風をあてて乾燥させています。

高温の油で揚げると、すばやく水分がはじけ飛ぶよ。

液体を乾燥させるスプレードライ

　粉ミルクや粉状のインスタントコーヒーをつくるときには、液体をこおらせてフリーズドライのようにしてつくる方法と、熱風をあてて人工的に乾燥させる方法があります。液状の食品を霧状にして熱風の中へふきだして乾燥させる方法は、「噴霧乾燥法」（スプレードライ）といいます。

　粉ミルクやインスタントコーヒーの製造では、このスプレードライにより、150～200℃の熱風の中で瞬時に乾燥させます。

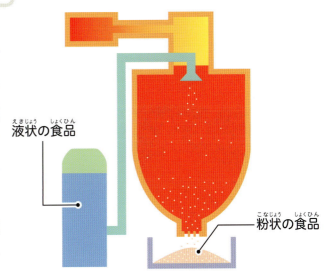

スプレードライでは、高温の空気の中へ霧状にした食品をふきだして、瞬間的に乾燥させる。

第2章 進化する保存食

食品工場をのぞいてみよう
「カップヌードル」ができるまで

保存食の技術は、どこに？

「カップヌードル」は、お湯を注ぐだけですぐに食べられる代表的なインスタント食品です。手軽に食べられるインスタント食品づくりにも、保存食の技術が使われています。どんなところに使われているか探してみましょう。

START!

1. 小麦粉の貯蔵
原料の小麦粉はサイロに貯蔵している。高圧の空気を使ってミキサーへ送られる。

2. ミキサーで練る
送られてきた小麦粉に塩やかんすいの入った練り水を入れてよく練り合わせる。

3. 2枚重ねにする
練り上げた生地を平らにして2枚重ねていく。

4. 生地をうすくのばす

何台も並んだローラーを通るあいだに、めんは厚さ1㎜ほどにのばされる。

5. 切出し

回転している切刃で、めん生地を細いめんに切りわけていく。

6. 蒸す
トンネル状の蒸機を通るあいだに、中で熱い蒸気をあててめんを蒸す。

7. めんの味つけ

おいしく味つけしたスープのプールを通り、めんに味がしみこむ。

第2章　進化する保存食

8 カッティング

回転する刃で長くつながっていためんを1食分ずつに切りわける。切りわけためんは金属の丸い型に入る。

9 瞬間油熱処理

型に入っためんを約160℃の植物油で揚げて、めんの中の水分をとばして乾燥させる。ここに保存食の技術が使われている。

10 冷却

油で揚げて熱くなっているめんに風をあてて冷ます。

11 カップに入れる

カップマシーンでめんの上からカップをかぶせたら、そのままテーブルが回転してめんがカップの中に入る。

12 具のじゅうてん

スープとエビや肉などの具材をカップの中のめんの上にのせる。スープや具の乾燥にも保存食の技術が使われている。

13 キャップシール

カップの上にふたをのせたら、約150℃の熱でピタッとくっつける。

14 シュリンク包装

カップ全体をうすい透明なフィルムでおおい、熱をあててちぢめる。

15 X線検査

異物が入っていないか、すべてのカップをX線で検査する。

16 自動箱詰め

自動箱詰め機で、できあがった「カップヌードル」を段ボール箱に入れていく。

17 出荷の準備

ロボットが「カップヌードル」の入った段ボール箱を積みあげて、出荷の準備をする。

GOAL!!

さまざまな現代の保存技術❷
進化する保存容器

びん詰から缶詰へ

　アペールが1804年につくったびん詰食品は、1810年に開封されて問題なく食べられることが証明され、アペールはみごと1万2000フランの賞金を獲得しました。このとき、アペールはフランス政府の求めに応じて、びん詰食品のつくり方をまとめた本を出版します。

　この本はすぐに各国語に翻訳されて、「アペール法」とよばれる食品保存方法が広まりました。そしてその年のうちに、イギリスのピーター・デュランドが金属のブリキ板でつくった容器で食品を保存することを考えつきます。缶詰の登場です。

ニコラ・アペール（？-1841年）

のみで開ける缶からイージーオープン缶へ

　デュランドが発明した缶は、長方形のブリキ板を丸めたつつに、丸い底とふたをはんだではり合わせたものでした。これにより、重く割れやすいというびん詰の欠点が克服されました。ただ、このころのブリキ板は厚くて、「ふたはのみとハンマーで開けてください」と書かれていました。

　缶詰の缶はさまざまに改良が重ねられ、現在では底やふたの取り付けには二重巻き締めという技術が使われるのが一般的です。缶切りも必要なく、ふたについた引き手を引っぱると簡単に開く「イージーオープン缶」も登場しています。

イージーオープン缶。プルタブを引いてふたを開ける。

第 2 章　進化する保存食

レトルト食品の登場

　レトルト食品は、容器のまま熱湯や電子レンジであたためて食べられる便利なインスタント食品ですが、もともとはアメリカで軍隊用に開発された保存食です。

　レトルトは英語で「加圧釜に入れる」という意味ですが、日本では気密性の高い容器に入れて密封し、圧力を加えながら加熱殺菌した食品をレトルト食品といっています。

　レトルト食品の開発に欠かせないのが、合成樹脂やアルミ箔などのうすい膜を2〜5枚重ねてはり合わせたラミネートフィルムです。特性がことなる膜を重ねることで、光や空気をさえぎり熱や圧力にも耐えられるフィルムになっています。

ラミネート容器の牛乳パックとレトルトパウチ。

ラミネート加工のフィルムを使うと、容器に入れたまま加圧加熱殺菌ができるため、食品はより長く保存できるようになる。

ラミネートフィルムはうすい膜を重ねてできている。

ラミネートには英語で「うすい板にのばす」や「合板」という意味がある。

二重巻き締めでより安全に

　二重巻き締め技術では、缶の胴とふたの端を機械で自動的に二重に巻きこんでふたを密着させます。さらに、缶の胴とふたが密着する部分に「シーリング・コンパウンド」というゴムのような弾力のある素材がついていて、これにより空気や水、細菌などが缶の中に入るのを完全に防げるようになります。

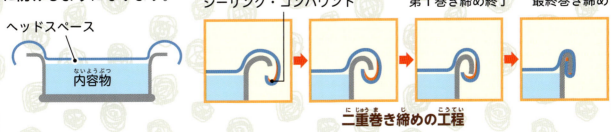

二重巻き締めの工程

第2章 進化する保存食

食品工場に行ってみよう
シーチキンができるまで

缶詰の鮮度を保つ脱気、密封、殺菌

缶詰づくりの重要点は、「脱気」（空気をぬく）、「密封」（ふたをしめて外気を遮断する）、「殺菌」の工程で、この3つで缶詰の鮮度が保たれます。シーチキン*の主原料になるのは、ビンナガマグロ、キハダマグロ、カツオです。はごろもフーズの焼津プラントでは、シーチキン缶詰約50万缶（1缶70グラム換算）が毎日つくられています。

＊シーチキンは、はごろもフーズ株式会社の登録商標です。

START!

1 原魚の運びこみ

キハダマグロ1本から70グラム入りのシーチキン缶が約150缶できるよ！

原料になる魚は、船の上で急速冷凍されて運ばれてくる。こおった魚は1日かけて流水で解凍する。

3 蒸煮する

蒸し器に入れ、約100℃で3時間～3時間半かけて蒸す。

2 蒸煮の準備

切りとられた内臓や頭も飼料や肥料などに加工して利用されるよ

頭と内臓を取りのぞいた魚は、かごに並べて蒸煮の準備。だいたいの大きさをそろえて、均等に蒸せるようにしている。

第2章　進化する保存食

4 冷却

蒸し上がった魚を冷ます。乾燥しないように細かい水滴をかけながら冷ます。

5 クリーニング

蒸した魚は、4つに切りわけてから、皮や骨、ひれ、血合肉などを取りのぞき、きれいな白身にする。

6 クリーニングがすんだ白身

きれいにクリーニングされた白身は、もとの魚体の35％くらいの量になっている。

> 取りのぞいた皮や骨なども飼料や肥料に、血合肉はペットフードになるよ。残さず利用されるんだ！

8 肉詰めの準備

クリーニングしきれいになった白身を並べて、自動肉詰め機へ送る準備をする。

7 金属検出機

肉の中に金属などが入っていないか、機械を通して検査する。

9 自動肉詰め機

白身を1缶分ずつカットしながら缶につめる。

10 計量

血合肉など、白い肉ではない部分が入っていないか確認し、重さをはかって内容量を点検する。

11 調味液と油の注入

機械で骨や金属などの異物が入っていないかふたたびチェックし、調味液と植物油を入れる。

「脱気」「密封」「殺菌」が、缶詰が長もちするための重要な工程だよ

12 缶の脱気と巻き締めで密封

シーマー（自動巻き締め機）で缶の中の空気を追い出しながら缶の縁を二重に巻き締めて密封。この機械は1分間に200〜250缶が巻ける。

13 巻き締め後

巻き締めがすんで出てきた缶詰。ここまでに、缶詰づくりの3つの重要点のうち、脱気・密封の2つがすんでいる。

第 2 章　進化する保存食

14 殺菌前の缶の洗浄

巻き締めがすんだら、洗浄機に入れて、缶についた調味液や油を洗い流す。

15 洗浄した缶を高温殺菌

缶詰を洗ったら、かごに並べて殺菌釜に入れ、115℃で70〜80分加熱、殺菌する。

> 高温殺菌は、缶詰が傷まないようにするための最も重要な工程

16 殺菌後の冷却

殺菌がすんだ缶詰は、余分な熱を取るためすみやかに冷やされる。

17 X線検査・印字

X線検査後、タブアライナーという機械で賞味期限を缶のふたの中央に印字する。缶詰の賞味期限はだいたい3年間。

18 箱詰め・出荷

GOAL!!

箱詰めされて出荷を待つ。

> 賞味期限が印字されている

カニカマは失敗作から生まれた！

　今では、世界各地で食べられている「カニカマ」ですが、実は失敗作から生まれた製品でした。

　1970年代はじめ、石川県七尾市にある食品会社が、人工クラゲをつくろうとしていました。当時、中華料理の食材として人気のクラゲが輸入ストップになったため、代用品をつくろうと考えたのです。しかし、食感が再現できず、人工クラゲづくりは断念。そのときできた製品の食感がカニに似ていることに気づいて、カニカマの開発に切り替えたのだそうです。そして、1972年に世界で最初にカニカマを売り出しました。

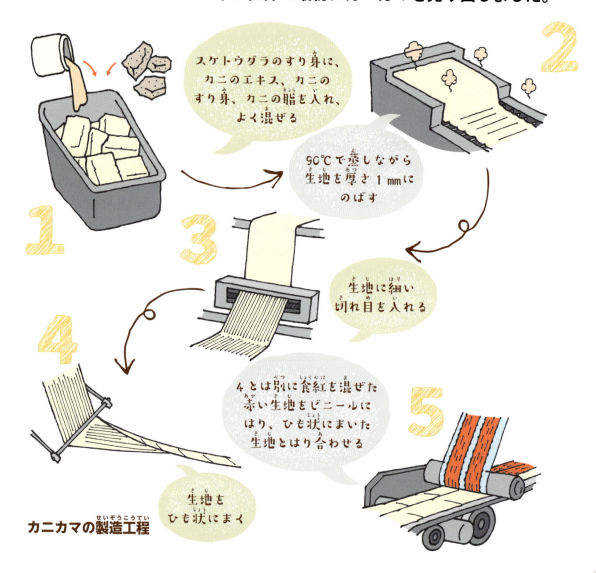

カニカマの製造工程

1. スケトウダラのすり身に、カニのエキス、カニのすり身、カニの脂を入れ、よく混ぜる
2. 90℃で蒸しながら生地を厚さ1mmにのばす
3. 生地に細い切れ目を入れる
4. 生地をひも状にまく
5. 4とは別に食紅を混ぜた赤い生地をビニールにはり、ひも状にまいた生地とはり合わせる

第3章 保存食技術の利用

第3章 さまざまに利用される保存食の技術

スプレードライで粉せっけん

インスタントコーヒーや粉ミルクをつくるときに利用される食品乾燥法の一つ「スプレードライ」（→37ページ）は、現在、食品だけではなく、さまざまな分野で利用されています。洗濯に使う粉せっけんの製造をはじめ、漢方薬や医薬品、化粧品など、幅広い分野におよびます。

電子機器に使われる新しい素材「電子セラミックス」は、磁器や陶器の仲間でありながら、電気を通す性質をもつというものです。携帯電話や電子ゲーム機器、コンピュータなど、用途によってごくうすい膜状やごく小さい結晶など、形もさまざまです。電子セラミックスは、直径1マイクロメートル（0.001㎜）ほどの微粒子を焼きかためてつくります。この微粒子をつくるときにスプレードライを使い、1000℃程度の高温の空気中に原料をふきだすと、非常に純度の高い微粒子ができます。さまざまな原料の微粒子を組み合わせることで、目的の性質をもった電子セラミックスがつくれるのです。

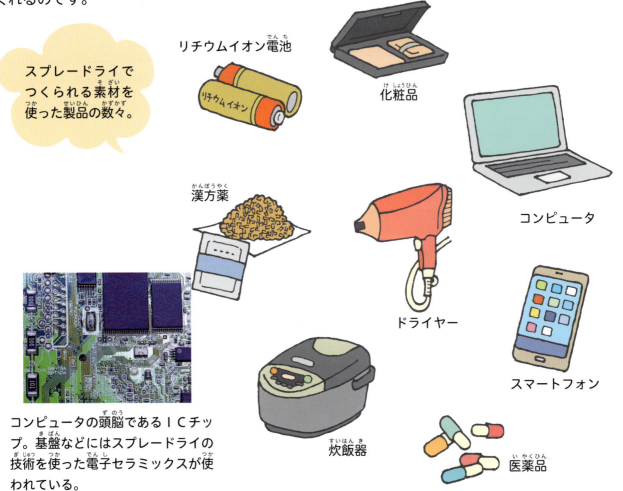

スプレードライでつくられる素材を使った製品の数々。

コンピュータの頭脳であるICチップ。基盤などにはスプレードライの技術を使った電子セラミックスが使われている。

第3章 保存食技術の利用

広がる発酵の利用

　保存食の中には、納豆やヨーグルトのように微生物の「発酵」によって保存性を高めるものがあります。発酵も、天日干しや塩蔵などと同じく、いつごろはじまったのかはっきりわからないほど、古くから利用されてきました。

　みそやしょうゆ、納豆、ヨーグルト、酒、酢などは、すべて発酵によってつくられている食品です。温暖で湿潤な日本の気候は微生物の繁殖に適したため、むかしから発酵食品がつくられてきました。

むかしながらの発酵食品も保存食の一つ。

しょうゆ　納豆　みそ　ヨーグルト

ドリンク　化粧品　洗濯洗剤

ドリンクやジュースの栄養素や酸味料、化粧品の成分や洗剤の酵素なども、微生物を利用して製造している。

　現在では発酵の力を使うのは、食品づくりに限りません。医薬品やビタミンCなどの栄養素、乳酸や酢酸、クエン酸などの酸味料、洗剤や化粧品の成分など、さまざまな製品に発酵の技術が使われています。

　植物などを原料とするバイオプラスチックも、微生物による発酵などを利用してつくられるものの一つで、最終的には微生物や光などの力で分解されて水と二酸化炭素になります。石油からできるプラスチックに代わる、環境にやさしい素材として注目されています。

微生物の力などをかりてつくるバイオプラスチック。

カード　卵ケース　CD　食品トレー

バイオプラスチックは、最終的には微生物や光などによって分解される。

第3章 保存食の技術の利用❶
非常食

非常食って、何？

2011年3月11日の東日本大震災をはじめ、大きな自然災害に見舞われることが増えています。そのため非常食を準備しようという意識が強くなっています。では、非常食にはどんなものを用意すればよいのでしょう。

かつて、非常食といえば、乾パンと氷砂糖というのが一般的でした。

しかし、実際に被災してみると、乾パンや氷砂糖だけでは足りないことがわかりました。水分の補給はもちろんですが、非常食には栄養をおぎない、嗜好を満たす食品も必要なのです。乳幼児のための粉ミルクやアレルギーのある人のための食品も必要です。それと同時に、成長期の子どもに必要な栄養をおぎなえることも非常食として大切です。

こうした経験から、非常食として、ドライフルーツや缶詰などの保存食が見直されています。

非常食のセット

近年は、非常食セットとして売られているものも、レトルト食品や缶詰などの保存食が中心。

第3章　保存食技術の利用

非常食＝災害食＊ の条件

- **普段から食べていて、電気やガス、水道が止まっても食べることができる**
  コンビニがあっても、道路が寸断されれば食料はとどかない。

- **災害時の生活や活動に役立つ**
  危機をのがれた後、しっかり生きのびていくためには栄養が必要。食事によって体力と精神力を養う。

- **常温で保管できる**
  電気が止まっているあいだ、冷凍・冷蔵庫で食品を冷やすことはできない。

2016年に開催されたイベント「オフィス防災EXPO」で「日本災害食大賞」の「美味しさ部門」でグランプリにかがやいた製品。

＊災害食…「災害が発生した際、その直後から日常的な生活に復帰するまで用いられる災害対応食料」（『日本大百科全書』より）。つまり災害に立ち向かい、生きのびるための食料。

ローリングストック

　保存食は、万が一の備えとして大事にしまっておくものではありません。つねに備えておき、いつでも食べて、なくなれば補充するのが保存食で、これを「ローリングストック」といいます。災害食も同じように賞味期限を見ながら、期限前に食べて補充することが大切です。

　また、災害時にはミネラルやビタミンなどの微量栄養素が不足し、かぜを引いたり便秘になったりと、体調をくずしやすくなります。そんなとき、ドライフルーツや缶詰、野菜ジュースなどの保存食が役立ちます。

非常食は万が一のときに備えてたくわえておくことから「備蓄食」ともいう。

第3章 保存食の技術の利用❷
レーション（糧食）

乾パンも、レーション

かつての非常食の定番だった乾パンは、もともと軍隊のための食料として開発されたといわれています。戦場で兵士たちが食べる食料を「戦闘食」とか「レーション」（糧食）といいます。戦場ですから兵士が持ち運ぶために、軽くて腹もちがよく変質しにくいものが適しています。レーションはまさに保存食です。

乾パンは、ビスケットのつくり方を参考に、脂質や糖質を減らしたりもち米やごまを加えたりするなど、日本式に改良してつくられたといわれています。

また、明治時代には、たくあんが日本軍のレーションにされたため、たくあん用の練馬大根の生産が飛躍的に増えたという記録もあります。

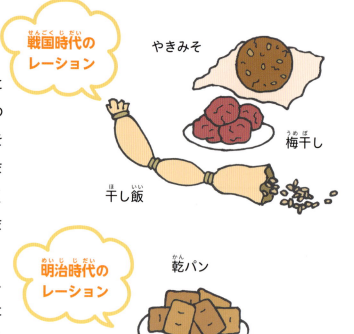

戦国時代のレーション：やきみそ、梅干し、干し飯

明治時代のレーション：乾パン、たくあん、ビスケット

干し飯とアルファ米

干し飯は平安時代の書物にも登場する保存食で、戦争や旅行に持っていきましたから、古代からのレーションの一つです。米を蒸してから乾燥させてつくりますが、湯に入れると簡単にやわらかくなります。

今、非常食として利用されるアルファ米は、干し飯と同じで、炊いた米を熱風で急速に乾燥させてつくります。アルファ米の名前は、お米を炊くと生米の中のデンプンが消化されやすいαデンプンに変化することに由来しています。

アルファ米の「山菜おこわ」

ふくろに入っていた調味料と水を加えて60分ででき上がり（熱湯なら15分）。

第3章 保存食技術の利用

近代的な食品保存の技術は、ほとんどが戦争から生まれた

　4世紀にローマの軍事学者によって書かれた『軍事論』には「飢餓は戦いよりも兵を損なう」という意味のことが書かれているそうです。今もむかしも兵士たちのレーションの確保は、戦局に大きな影響をあたえます。ナポレオンがレーションの供給に悩んだことが、びん詰や缶詰の開発へとつながったのも、そのためです。

　食品の乾燥方法にも熱風乾燥法やフリーズドライなどさまざまな技術（→36ページ）が開発されていますが、実はそのほとんどが兵士たちの食料を供給するために考えだされました。レーションは食品保存の技術を高めるために強力な動機をあたえてきたといえます。

日本の自衛隊のレーションの一例

アメリカ軍のレーションの一例

忍者のレーション―水渇丸、飢渇丸、兵糧丸

　戦国時代に忍術を使って活躍した忍者は、水渇丸、飢渇丸、兵糧丸などの携帯食を持ち歩いていたそうです。水渇丸は、梅干しを使ってのどのかわきをおさえるもの、飢渇丸はそば粉やもち米を使って腹もちをよくした食べものでした。では、兵糧丸とはどんなものだったのでしょう。

　忍術は71もの流派があり、兵糧丸の材料もさまざまですが、名軍師といわれた山本勘助が『老談集』という書物に書きのこした兵糧丸は、氷砂糖を主原料に、数種の生薬を混ぜたものでした。生薬には滋養強壮や疲労回復、緊張緩和、鎮痛などの効果が期待されるものが選ばれています。兵糧丸は、カロリー補給とともに健康と精神力を維持するものだったようです。

戦国時代の名軍師・山本勘助の『老談集』に記録されている兵糧丸の材料。これらを粉にして混ぜ、丸くかためて持ち歩いた。

保存食の技術の利用❸
介護食

超高齢社会と介護食

　日本はすでに超高齢社会になっています。総人口に占める65歳以上の高齢者の割合は、2018年に28.1％となり、今後さらに増えていきます。一方、人口は減少し介護する人が減れば、食事の世話もむずかしくなるでしょう。
　実際に2013年の調査で、自宅で生活している高齢者の約7割が低栄養の状態にあり、健康な体を維持し活動するための栄養が足りていないことがわかっています。そこで、質のよい食事を提供するため、保存食の技術を介護食づくりに生かすことが期待されています。

介護食の例

「ミキサー食」や「きざみ食」中心のこれまでの介護食の例。

介護食って何だろう？

　高齢になると「食べることがむずかしい」という状態が起こります。歯が悪くなり、あごの力が弱くなると、よくかめなかったり飲みこめなかったりすることがあるのです。
　そのような高齢者のために用意されるのが介護食です。これまでの介護食は、食材をミキサーにかけてどろどろにした「ミキサー食」や、細かくきざんだ「きざみ食」が中心でした。こうした食事は安全で栄養はあるものの、食欲がわかず、食事に時間がかかったり食べ残しが多くなったりするのが問題でした。
　食べる楽しみ、食欲をよぶことも介護食の大切な要素です。

黒田留美子式高齢者ソフト食®の一つのちらし寿司。このご飯はゼラチン寒天でたいている。食材の形が残るソフト食は、食べる意欲がわく。

第3章 保存食技術の利用

新しい技術を介護食に

　いつまでもおいしいものを食べたい、これはだれもがいだいている願いです。そんな願いをかなえようと考えだされたのが、凍結と減圧を応用した「凍結含浸法」による介護食です。

　凍結含浸法は、こおらせた食材を解凍し酵素液につけて、圧力を下げた状態にします。この方法により食材中の空気がぬけ、酵素液がしみこみます。そしてしみこんだ酵素が、細胞と細胞をつないでいた成分を分解するため、食材がやわらかくなるのです。レンコンをこの方法で調理すると、ふつうに煮たものの10分の1のやわらかさになるそうです。

　この方法により、食材の見た目や色、香り、栄養はそのままで、介護を受ける人のかむ力に合わせたやわらかい食事を提供することができるようになりました。

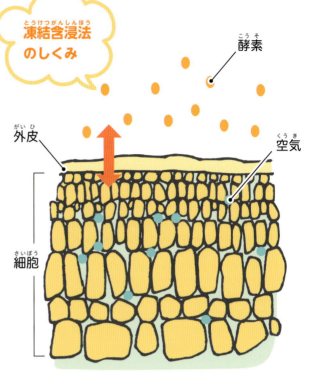

凍結含浸法のしくみ

食材の中の空気を吸いだし、かわりに酵素液をしみこませる。広島県立総合技術研究所食品工業技術センターが開発した。

凍結含浸法で調理した筑前煮。野菜の形はくずれていないのに、歯ぐきでつぶせるやわらかさになっている。

第3章 保存食の技術の利用❹
宇宙食

最初の宇宙食は、練り歯みがき状だった

　宇宙食とは、スペースシャトルなどの宇宙船に搭乗したり、国際宇宙ステーション[*1]（ISS）に滞在したりするときに宇宙飛行士が食べる食品のことです。

　人類で最初に宇宙で食事をしたのは、旧ソ連のゲルマン・チトフ宇宙飛行士です。1961年、ガガーリンに続く2人目として地球を回る軌道を飛行し、宇宙船内で食事をしました。このときの食事は、一口サイズの固形食や練り歯みがきのチューブのような入れ物につめたクリーム状やゼリー状の食品でした。

[*1] 国際宇宙ステーション ISS（International Space Station）…日本、アメリカ、ロシア、カナダとヨーロッパの国々の15か国が協力して建設した宇宙施設。2011年に完成し、地上から約400km上空で、地球の周りを回っている。

> アメリカの有人宇宙飛行計画であるマーキュリー計画（1958～1963年）とジェミニ計画（1961～1966年）の時代の宇宙食

> ロシアの宇宙食の例

> アメリカのスペースシャトル、ISSの時代（1981年～現在）の宇宙食

ISSの時代（2000年～現在）になって、約100種類にまで種類が増えている。お湯や水を加えてもどすものや、フードウォーマーであたためて食べるものもある。

第3章 保存食技術の利用

宇宙食の加工方法は、一般の保存食と同じ

　最初の宇宙食がチューブ式だったのは、無重力の環境で人が食べものを飲みこめるかわからなかったためです。宇宙でもふつうに食事ができるとわかり、宇宙食は種類が増えていきました。
　今では、フリーズドライ食品やレトルト食品、缶詰、乾燥フルーツや乾燥肉、ナッツやクッキーなどが宇宙食として使われています。

そのまま食べられるレトルト食品。フードウォーマーであたためて食べることもできる。ステーキやチキン、ハム、イワシやツナのほか、果物やプリンもある。

そのままで食べられる自然形態食品・半乾燥食品。ナッツやクッキー、キャンディー、ドライフルーツ、ビーフジャーキーなどがある。

フリーズドライやスプレードライでつくられる、水やお湯でもどして食べる食品。スープやご飯、スクランブルエッグやシュリンプカクテルなどもある。

各国の宇宙食は、宇宙飛行士へのボーナス食

　ISSの食事はアメリカとロシアの宇宙食を中心にメニューが組まれています。しかし、NASA[*2]の検査に合格すれば自国の食品を「ボーナス食」として持っていけます。また、2004年には宇宙食の基準が設けられて、ISSの参加国は、自国の宇宙飛行士のために開発した宇宙食を提供できるようになりました。
　宇宙食には、宇宙飛行士の健康を保つという大切な役目があります。それとともに、おいしくバラエティ豊かな食事によって、ストレスをやわらげたり気分をリフレッシュしたりする効果が求められています。

土井隆雄宇宙飛行士は、1997年にスペースシャトル「コロンビア号」に搭乗し、ISS建設のための試験に参加。このときに「日の丸弁当」を持参した。

[*2] NASA（National Aeronautics and Space Administration）…アメリカ航空宇宙局。宇宙研究や宇宙開発に関わる計画をおこなう機関。

日本人宇宙飛行士のために開発された宇宙日本食

アメリカのNASAが打ち上げるスペースシャトルや国際宇宙ステーション（ISS）では、多くの日本人が活躍しています。日本人の宇宙飛行士に日本食を食べてもらうため、2018年3月時点で、16の食品会社が開発した32種類の食品が、JAXA[*1]によって宇宙日本食として認証されています。

[*1] JAXA（Japan Aerospace Exploration Agency）…宇宙航空研究開発機構。日本政府の宇宙開発、利用を支えるための技術を開発、研究する機関。

JAXAによって認証された宇宙日本食（一部）

このほかに、切り餅、バランス栄養食ブロックタイプ（チーズ味）、イオンドリンク、亀田の柿の種、しょうゆ、マヨネーズ、ピーチゼリー、チューイングキャンディー、ベイクドチョコが認証されている。

第3章 保存食技術の利用

宇宙船内では、汁が飛びちる食べものはNG！

宇宙食の条件としては、第1に水などの液体が飛びちらないことが大切です。無重力の環境では、液体は小さなかたまりになってうきますが、飛びちると宇宙船内の機械のあいだに入り、機械が故障してしまう危険性があるのです。お茶やジュース、水などを飲むときも、吸い口や細いストローのついた専用の容器を使っています。

同じような理由で、パンのようにくずの出る食べものも避けています。

宇宙日本食のわかめスープ。汁が飛ばないように、吸い口のある容器に入っている。

宇宙食にはきびしい条件がある

液体が飛びちらないこと以外にも、宇宙食にはきびしい条件があります。

- **安全であること**
  容器や包装が燃えにくいこと。万が一燃えても、有害なガスが出ないこと。

- **長期保存が可能なこと**
  常温で、少なくとも1年半の賞味期限があること。

- **衛生性が高いこと**
  宇宙飛行士が食中毒になるのを防ぐため、食品内の細菌の種類や数は基準以下であること。

長期保存の試験中には、2℃、30℃、35℃という過酷な状態にさらす期間をもうけています。さらに、官能試験といって、決められた保存期間を経た製品を12名以上の試験官が実際に食べてみて味をチェックします。宇宙日本食として認証されるには、この試験で合格点を取ることが必要です。

宇宙日本食のしょうゆラーメンを食べる油井亀美也宇宙飛行士。めんは、お湯でもどしても一口大のかたまりのままを保つ特許技術でつくられている。

保存食と旨味の発見

　食べものの味は「甘味、酸味、塩味、苦味、旨味」の5つで決まるとされていますが、このうち「旨味」は、保存食から発見されたものです。

　1907（明治40）年、池田菊苗博士が、湯豆腐の昆布だしのおいしさに着目し、そのおいしさのもとになっているのが、昆布から出てくるグルタミン酸ナトリウムという成分であることを発見しました。

　現在、「三大旨味成分」とされているのはグルタミン酸と、かつおぶしなどにふくまれるイノシン酸、干ししいたけのグアニル酸です。いずれも保存食にふくまれる成分で、日本人にはなじみの深い味です。

　池田博士は、旨味の発見からグルタミン酸ナトリウムを使った旨味調味料をつくる方法を発明しました。この旨味調味料が「味の素」です。博士の発明した方法は、小麦や大豆のタンパク質からグルタミン酸を取りだすというものでしたが、今ではサトウキビの糖蜜から発酵によってつくられています。

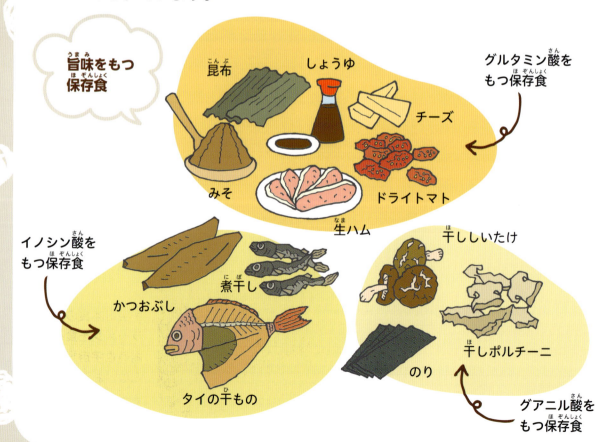

おわりに

　わたしが子どものころ、1950年から1960年代の食事は納豆や漬け物、魚の干物、味噌汁などの伝統的な保存食品が毎日の食卓にのっていました。家には冷蔵庫がなかったので、母は毎日のように保存しにくい野菜や魚などの買い物に行かなければなりませんでした。

　小学校に入学すると昼は給食になり、パンと脱脂乳とおかずで、初めてジャムやマーガリンの味を知りました。大学は農学部ですが、食品保存研究室で化学実験や食品加工実習、そして研究室の仲間との楽しい交流に大半を過ごしました。

　1971年、神奈川県に採用され、農業総合研究所の流通技術科に配属されました。最初の仕事は野菜の冷蔵温度と品質保持期間がどのくらいになるかを調べることでした。当時はまだ、一般に売買される野菜には冷蔵庫や包装資材が使われていなかったのです。

　食品の保存は食品の特性・個性を知ったうえで、昔の人々の経験と新しい知識や技術を活用する必要があります。保存食品は日進月歩の変化・発展をしています。みなさんにも身近にある保存食品に関心をもってもらえたら幸いです。

小清水正美

さくいん

あ

- アペール ……………… 33, 40
- アルコール …………… 12, 15, 17
- 池田菊苗 ……………………… 60
- イノシン酸 …………………… 60
- 宇宙食 ………………………… 56-59
- 宇宙日本食 …………………… 58
- 塩蔵品 ………………………… 18
- オイル漬け …………………… 15
- 桶 ……………………………… 21

か

- 介護食 ………………………… 54, 55
- 陰干し ………………………… 17, 36
- 粕漬け ………………………… 15
- かつおぶし …………………… 7, 16, 60
- カビ ……………………………
  8, 9, 13, 15, 17, 26, 27, 29, 34
- 甕 ……………………………… 21
- 缶詰 ……………………………
  7, 40, 42, 44, 45, 50, 51, 53, 57
- 乾物 …………………………… 13, 18, 20
- 北前船 ………………………… 20
- 急速冷凍 ……………………… 35, 42
- グアニル酸 …………………… 60
- クエン酸 ……………………… 9, 15, 49
- グルタミン酸 ………………… 60
- くん製 ………………………… 16, 23, 24
- 香辛料 ………………………… 22, 24, 25, 30, 32
- 酵素 …………………………… 13, 22, 34, 49, 55

- 酵母 …………… 8, 9, 13, 15, 17, 34
- コロンブス …………………… 32
- 昆布 …………………………… 13, 19, 20, 60

さ

- 災害食 ………………………… 51
- 細菌 ……………………………
  8, 9, 13, 15, 17, 29, 34, 41, 59
- 酢酸 …………………………… 49
- 砂糖 …… 6, 9, 12, 14, 15, 22, 25, 28
- 塩 ………… 12, 14, 18, 22, 23, 30
- 塩辛 …………………………… 19
- 塩漬け肉 ……………………… 24, 32
- ジャム …… 6, 9, 14, 15, 25, 28, 29
- 瞬間油熱乾燥法 ……………… 37
- 昇華 …………………………… 36
- 真空凍結乾燥法 ……………… 36
- 酢 ……………………… 12, 15, 19, 49
- 須恵器 ………………………… 21
- 直川智 ………………………… 25
- スプレードライ ……… 37, 48, 57
- 生鮮食品 ……………………… 8, 13
- 戦闘食 ………………………… 52
- ソーセージ …………………… 22-24, 30

た

- 大航海時代 …………………… 24, 25, 32
- 樽 ……………………………… 21
- チーズ ………………… 7, 17, 22-24, 60

チャツネ……………………… 22, 25
漬けもの… 11, 14, 16, 19, 21, 22
低温障害……………………… 34
デュランド…………………… 40
電子セラミックス…………… 48
天日干し……………… 12, 13, 36
凍結含浸法…………………… 55
凍結乾燥法…………………… 36
ドライフルーツ………………………
　　　　　　　7, 22, 23, 50, 51, 57
ドリップ……………………… 35

な

ナポレオン…………… 25, 33, 53
なれずし……………………… 19
にぎり寿司…………………… 19
二重巻き締め…………… 40, 41
乳酸…………………… 17, 19, 49
熱風乾燥法……………… 36, 53
ノンフライめん……………… 37

は

バイオプラスチック………… 49
発酵
　　　12, 16, 17, 19, 22, 23, 49, 60
ハム………………… 7, 22-24, 57
非常食…………………… 50, 51
微生物
　　　6, 8, 9, 13-15, 17, 28, 34, 49

干もの……… 7, 13, 18, 20, 60
氷結点………………………… 35
びん詰………………… 33, 40, 53
麩……………………………… 21
腐敗…………………………… 17
フリーズドライ…… 36, 37, 53, 57
噴霧乾燥法…………………… 37
ベーコン……………… 7, 17, 24
変質………………… 8, 13, 34, 52
干し大根……………………… 18
干したら………………… 22, 24

ま

身欠きにしん…………… 19, 20

や

ヨーグルト………… 6, 7, 17, 23, 49

ら

ラミネートフィルム………… 41
糧食…………………………… 52
冷蔵…………………………… 34
冷凍…………………………… 35
冷風乾燥法…………………… 36
レーション……………… 52, 53
レトルト食品………… 41, 57
ローリングストック………… 51

| 監修者 | 小清水正美（こしみず・まさみ） |

1949年神奈川県に生まれる。明治大学農学部農芸化学科卒業。1971年神奈川県職員として、神奈川県農業総合研究所、農業振興課等で農産物の流通技術・利用加工に関する試験研究などに従事。2009年3月退職。著書に『食品加工シリーズ8 ジャム』『つくってあそぼう9 ジャムの絵本』『つくってあそぼう33 梅干しの絵本』『つくってあそぼう36〜40 保存食の絵本①〜⑤』（いずれも農山漁村文化協会）など。
現在：明治大学農学部客員教授

| 著者 | 中居惠子（なかい・けいこ） |

1956年長野県に生まれる。信州大学農学部卒業。1979年より編集プロダクションを経て出版社に勤務。植物関係を中心に自然科学分野の書籍の企画・編集にたずさわる。2011年よりフリーとなり現在に至る。著書に『誕生日の花図鑑』（ポプラ社）、『つくってみよう！発酵食品』『行ってみよう！発酵食品工場』『もっと知ろう！発酵のちから』（以上、ほるぷ出版）など。日本環境ジャーナリストの会会員。

| イラスト | 小野正統（おの・まさとう） |

| 編集協力 | MIKA book |

| デザイン・DTP | 22plus-design |

| 写真提供・取材協力（五十音順） |

イーエヌ大塚製薬株式会社／JAXA／自衛隊神奈川地方協力本部／杉田エース株式会社／高齢者ソフト食研究会／日清食品ホールディングス株式会社／（公社）日本缶詰びん詰レトルト食品協会／はごろもフーズ株式会社／広島県立総合技術研究所／MOMCOM／NASA

| 参考文献 |

『食べ物と健康、食品と衛生 食品加工・保蔵学』海老原清・渡邊浩幸・竹内弘幸編（講談社）、『つくってあそぼう36〜40 保存食の絵本①〜⑤』こしみずまさみ へん（農山漁村文化協会）、『宇宙食―人間は宇宙で何を食べてきたのか』田島眞著（共立出版）、『世界の保存食（全4巻）』谷澤容子著・こどもくらぶ編（星の環会）、『「食」で地域探検6 地域の保存食』服部幸應・服部津貴子著（岩崎書店）、『The NINJA －忍者ってナンジャ!?－公式ブック』「The NINJA －忍者ってナンジャ!?－」実行委員会監修（KADOKAWA）

保存食の大研究

長もちする食べもののひみつをさぐろう

2018年11月30日　第1版第1刷発行
2020年 3月 3日　第1版第2刷発行

監修者　小清水正美
著　者　中居惠子
発行者　後藤淳一
発行所　株式会社PHP研究所
　　　　東京本部　〒135-8137　江東区豊洲5-6-52
　　　　　　　　　児童書出版部 ☎03-3520-9635（編集）
　　　　　　　　　普及部 ☎03-3520-9630（販売）
　　　　京都本部　〒601-8411　京都市南区西九条北ノ内町11
　　　　PHP INTERFACE　https://www.php.co.jp/

印刷所
製本所　図書印刷株式会社

©Keiko Nakai 2018 Printed in Japan　　　　ISBN978-4-569-78822-7

※本書の無断複製（コピー・スキャン・デジタル化等）は著作権法で認められた場合を除き、禁じられています。また、本書を代行業者等に依頼してスキャンやデジタル化することは、いかなる場合でも認められておりません。

※落丁・乱丁本の場合は弊社制作管理部（☎03-3520-9626）へご連絡下さい。送料弊社負担にてお取り替えいたします。

63P　29cm　NDC596